OUVRAGE PUBLIÉ SOUS LES AUSPICES DU MINISTÈRE DE L'INSTRUCTION PUBLIQUE

SOUS LA DIRECTION DE

L. JOUBIN, Professeur au Muséum d'Histoire Naturelle

EXPÉDITION
ANTARCTIQUE FRANÇAISE
(1903-1905)

COMMANDÉE PAR LE

Dr Jean CHARCOT

SCIENCES NATURELLES : DOCUMENTS SCIENTIFIQUES

HYDROÏDES

PAR

Armand BILLARD

Agrégé de l'Université, Docteur ès sciences

PARIS

MASSON ET Cie, ÉDITEURS

120, Boulevard Saint-Germain, 120

EXPÉDITION ANTARCTIQUE FRANÇAISE
(1903-1905)

Fascicules publiés

Décembre 1906.

Expédition Antarctique Française

(1903-1905)

COMMANDÉE PAR LE

Dr Jean CHARCOT

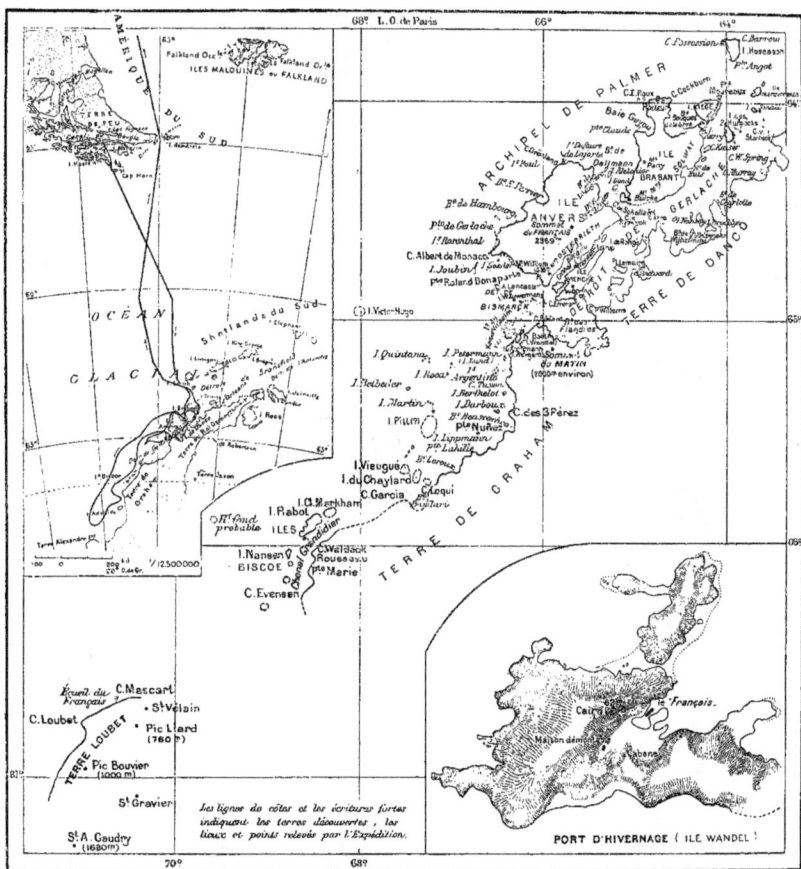

CARTE DES RÉGIONS PARCOURUES ET RELEVÉES

PAR L'EXPÉDITION ANTARCTIQUE FRANÇAISE

———

Membres de l'État-Major :

Jean CHARCOT — A. MATHA — J. REY — P. PLÉNEAU — J. TURQUET — E. GOURDON

OUVRAGE PUBLIÉ SOUS LES AUSPICES DU MINISTÈRE DE L'INSTRUCTION PUBLIQUE

SOUS LA DIRECTION DE

L. JOUBIN, Professeur au Muséum d'Histoire Naturelle

EXPÉDITION
ANTARCTIQUE FRANÇAISE
(1903-1905)

COMMANDÉE PAR LE

Dr Jean CHARCOT

SCIENCES NATURELLES : DOCUMENTS SCIENTIFIQUES

HYDROÏDES

PAR

Armand BILLARD

Agrégé de l'Université, Docteur ès sciences

PARIS
MASSON ET Cie, ÉDITEURS
120, Boulevard Saint-Germain, 120

LISTE DES COLLABORATEURS

Les mémoires précédés d'un astérisque ont paru.

MM. Trouessart .... *Mammifères.*
    Ménégaux .... *Oiseaux.*
    ⋆ Vaillant .... *Poissons.*
    • Sluiter .... *Tuniciers.*
    ⋆ Vayssière .... *Nudibranches.*
    ⋆ Joubin .... *Céphalopodes.*
    ⋆ Lamy .... *Gastropodes et Pélécypodes.*
    ⋆ Thiele .... *Amphineures.*
    Carl .... *Collemboles.*
    Roubaud .... *Diptères.*
    Trouessart .... *Acariens.*
    Bouvier .... *Pycnogonides.*
    ⋆ Coutière .... *Crustacés Schizopodes et Décapodes.*
Mᶫˡᵉ ⋆ Richardson .... *Isopodes.*
MM. ⋆ Chevreux .... *Amphipodes.*
    ⋆ Quidor .... *Copépodes.*
    Nobili .... *Ostracodes.*
    Œhlert .... *Brachiopodes.*
    Calvet .... *Bryozoaires.*
    Gravier .... *Polychètes.*
    Hérubel .... *Géphyriens.*
    Jägerskiöld .... *Nématodes libres.*
    Railliet .... *Nématodes parasites.*
    Blanchard .... *Cestodes.*
    Guiart .... *Trématodes.*
    Joubin .... *Némertiens.*
    Hallez .... *Planaires.*
    Ed. Perrier .... *Crinoïdes.*
    ⋆ Kœhler .... *Stellérides, Ophiures et Echinides.*
    ⋆ Vaney .... *Holothuries.*
    Roule .... *Alcyonaires.*
    Bedot . ... *Siphonophores.*
    ⋆ Billard .... *Hydroïdes.*
    Topsent .... *Spongiaires.*
    Turquet .... *Phanérogames.*
    Cardot .... *Mousses.*
    Hariot .... *Algues.*
    Petit .... *Diatomées.*
    Gourdon .... *Géologie, Minéralogie, Glaciologie.*

HYDROÏDES

Par ARMAND BILLARD

AGRÉGÉ DE L'UNIVERSITÉ, DOCTEUR ÉS SCIENCES

Les Hydroïdes récoltés par le D' J. Turquet, pendant l'Expédition du
D' Charcot au pôle Sud, ne comprennent que 8 espèces, dont une nouvelle et une douteuse. Ils proviennent tous de l'île Booth-Wandel (1) et de
la baie des Flandres, creusée dans la terre de Danco ; pour la plupart, ils
ont été recueillis à marée basse. Les résultats fournis par cette expédition
corroborent ceux des expéditions précédentes : à savoir que la faune des
Hydroïdes n'est pas très riche en espèces dans ces régions australes, pas
plus sur le littoral que dans les profondeurs.

La collection des Hydroïdes antarctiques de la « Belgica » déterminés
par HARTLAUB [1904] comprend 14 espèces, qui se répartissent ainsi :
9 nouvelles, 1 déjà connue, 4 douteuses. Toutes ces espèces proviennent de dragages effectués entre 100 et 550 mètres ; les latitudes
sont comprises entre les parallèles 70° et 71°19', et les longitudes
entre les méridiens 80°48' et 91°54' ouest ; les localités sont donc
plus australes que celles explorées par les Expéditions suédoise et
française.

Bien que le travail de JÄDERHOLM [1905] sur les Hydroïdes de l'Expédition suédoise dans les mers australes renferme 50 espèces, il n'y en a
que 14 qui ont été draguées dans les régions antarctiques (9 sont
nouvelles et 5 déjà connues) ; les autres proviennent des régions

(1) Cette île se trouve au sud de l'île d'Anvers, à la même latitude que la baie des Flandres.

subantarctiques (Géorgie du Sud, îles Falkland, Terre de Feu). Les localités antarctiques qui ont fourni les Hydroïdes se trouvent toutes, sauf une, à l'est ou au nord-est de cette bande de terre qui comprend la Terre de Danco, la Terre du roi Oscar, la Terre de Palmer ; ce sont les îles Joinville et Paulet, le golfe Erebus et Terror, l'île Seymour, le sud de l'île Snow Hill et l'île Robertson. L'autre localité est l'île Nelson, qui se trouve au nord et qui n'a d'ailleurs fourni qu'une seule espèce.

Le nombre des espèces d'Hydroïdes actuellement connues provenant des régions antarctiques n'est que de 32 (1). En voici la liste complète :

Hydractinia parvispina Hartl. (Expédition suédoise) ;

Hydractinia antarctica Hartl. (« Belgica ») ;

Hydractinia clavata Jäderh. (Expédition suédoise) ;

Perigonimus sp.? Hartl. (« Belgica ») ;

Perigonimus sp.? Hartl. (« Belgica ») ;

Eudendrium ramosum? (L.) (« Belgica ») ;

Eudendrium capillare? (Ald.) (« Français ») ;

Myriothela austro-georgiæ Jäderh. (Expédition suédoise, « Français ») ;

Halecium tenellum Hincks (« Belgica », Expédition suédoise, « Français ») ;

Halecium secundum Jäderh. (Expédition suédoise) ;

Halecium gracile Bale (« Français ») ;

Obelia longissima Pall. (« Français ») ;

Silicularia pedunculata Jäderh. (Expédition suédoise) ;

Campanulina belgicæ Hartl. (« Belgica ») ;

Campanulina chilensis Hartl. (« Français ») ;

Campanularia subrufa Jäderh. (Expédition suédoise) ;

Cryptolaria conferta? Allm. (« Belgica ») ;

Lafœa antarctica Hartl. (« Belgica ») ;

Lafœa plicata Hartl. (« Belgica ») ;

Lictorella operculata Hartl. (« Belgica ») :

(1) Les résultats scientifiques de l'expédition anglaise à bord du navire « Discovery » ne sont pas encore publiés, mais Hodgson [1905], dans un rapport préliminaire, annonce que les Hydroïdes sont peu nombreux, bien que les Méduses soient abondantes.

Sertularella fallax Hartl. (« Belgica »);

Sertularella glacialis Jäderh. (Expédition suédoise) ;

Sertularella biformis Jäderh. (Expédition suédoise);

Sertularella articulata Allm. (Expédition suédoise);

Sertularella giganteu Merescuk. (« Français »);

Sertularia stolonifera Hartl. (« Belgica », Expédition suédoise) ;

Selaginopsis pachyclada Jäderh. (Expédition suédoise);

Staurotheca antarctica Hartl. (« Belgica ») ;

Staurotheca dichotoma Allm. (Expédition suédoise);

Schizotricha bifurca Hartl. (« Belgica »);

Schizotricha antarctica Jäderh. (Expédition suédoise « Français »);

Schizotricha Turqueti Bill. (« Français »);

Les espèces qui jusqu'à présent n'ont été signalées que dans les régions antarctiques sont inscrites en caractères **gras**, on en compte 16; j'ai excepté les deux espèces de *Perigonimus* indéterminées. Certaines espèces de cette liste se rencontrent dans les régions subantarctiques voisines (Géorgie du Sud, détroit de Magellan, côtes du Chili), et Hartlaub [1905] vient de consacrer un important mémoire aux Hydroïdes des régions magellaniques et chiliennes. J'indiquerai comme espèces communes aux régions antarctiques et subantarctiques, d'après ce mémoire et d'après celui de Jäderholm [1905] :

Hydractinia parvispina;

Myriothela austro-georgiæ;

Halecium tenellum ;

Obelia longissima ;

Silicularia pedunculata ;

Campanulina chilensis;

Campanularia subrufa;

Sertularella articulata ;

Staurotheca dichotoma.

Deux espèces ont été antérieurement trouvées à l'île de Kerguelen :

Sertularella articulata ;

Staurotheca dichotoma.

Enfin celles qui restent ont une aire de distribution beaucoup plus étendue. Les unes peuvent être considérées comme des espèces bipolaires :

Obelia longissima ;

Sertularella gigantea.

tandis que les autres sont cosmopolites :

Eudendrium ramosum ;

Halecium tenellum ;

Halecium gracile.

Eudendrium capillare (?) ALDER.

Eudendrium capillare ALDER [1857], p. 105, fig. 9-12.
Eudendrium capillare HINCKS [1868], p. 84, pl. XIV, fig. 2.
Eudendrium capillare ALLMAN [1872], p. 335, pl. XIV, fig. 1-3.

L'hydrocaule présente les caractères de l'espèce, mais, en l'absence des hydranthes et du gonosome, on ne peut guère être affirmatif.

Localité. — Ile Booth-Wandel, marée basse, 13 septembre 1904.

Distribution géographique. — Grande Bretagne (HINCKS [1868]) ; Baltique : près de Sprogoe (SCHULZE [1874], p. 127); sud de Terre-Neuve : Saint-Georges' Bank (SMITH et O. HARGER [1876]) ; côte ouest du Groënland (LEVINSEN [1893], p. 155); Helgoland (HARTLAUB [1894], p. 167); Pas-de-Calais (BÉTENCOURT [1899], p. 3) ; Woods Hole (NUTTING [1901], p. 334); Moldoën (BONNEVIE [1901], p. 7); Drontheimsfjorde (SWENANDER [1903], p. 15); Saint-Vaast (BILLARD [1904], p. 153); côte de Mauritanie (BILLARD [1906]).

Myriothela austro-georgiæ JÄDERHOLM.

Myriothela austro-georgiæ JÄDERHOLM [1904], p. 11.
—   —   JÄDERHOLM [1905], p. 6, Taf. I-II, Taf. III, fig. 1-3.

Les exemplaires de la collection sont très rétractés et n'atteignent pas la taille de ceux décrits par JADERHOLM ; le plus grand n'a, en effet, que $3^{cm},5$ de longueur. Cependant l'attribution de ces formes à cette espèce n'est pas douteuse, car elles possèdent les mêmes caractères : les tentacules capités sont disséminés irrégulièrement sur tout le corps, même

entre les gonomérides (blastostyles) ; ceux-ci occupent seulement la
région proximale et sont très densément distribués; ils présentent
à leur sommet un seul gros ou plusieurs petits tentacules et, au-dessous,
soit des gonophores mâles, soit des gonophores femelles sphériques.

Je donnerai quelques détails histologiques complémentaires, qui n'ont
pas été signalés par JÄDERHOLM.

Comme on le sait, les replis longitudinaux endodermiques de la cavité
digestive sont formés, sauf à leur base, de deux couches de cellules
séparées par une mince lamelle de soutien. Ces cellules, dans toute la
région moyenne du repli, sont vacuolaires, tandis que les cellules situées
à la base du repli renferment un protoplasme granuleux ; dans la région
distale, les cellules sont aussi granuleuses, et l'on y distingue des sphé-
rules qui sont des produits de la digestion. J'ajouterai que, dans cette
région, les feuillets sont souvent séparés l'un de l'autre. On rencontre des
cellules glandulaires surtout abondantes à la base du repli : ce sont de
grosses cellules, piriformes (fig. 1 A), à pointe externe n'atteignant pas
la lamelle de soutien ; leur protoplasme, dans la partie profonde et autour
du noyau, est fortement coloré par l'hématoxyline au fer ; dans la partie
interne, dont le bord sert à limiter la cavité digestive, existent, sur une
étendue plus ou moins grande, des vacuoles séparées par un réseau proto-
plasmique.

Chez les individus jeunes, dans l'intervalle des replis, l'endoderme
comprend une seule couche de cellules, tandis que, chez les individus
âgés, il est formé de plusieurs assises. Ces cellules ont un protoplasme
granuleux dense et montrent des noyaux en voie de division directe. On
voit aussi dans cette région quelques cellules glandulaires.

La structure du tentacule, comme l'a montré JÄDERHOLM [1905], est en
tous points comparable à celle du tentacule de la Myriothèle bien étudiée
par ALLMAN [1875] (1). La couche fibrillaire dépendant de la lamelle de
soutien est d'autant plus épaisse que le tentacule est plus développé. Les
cnidoblastes sont de deux sortes et comparables à ceux que décrit ALLMAN.

(1) L'espèce qui a fait l'objet des recherches d'ALLMAN serait, d'après BONNEVIE [1899], le *Myriothela Cooksii* VIGURS. et non le *M. phrygia* FABR.; la même remarque s'applique aux travaux de
KOROTNEFF [1888] et LABBÉ [1899].

D'après les recherches de cet auteur faites sur des animaux frais, on peut
inférer que les uns sont des cnidoblastes ordinaires à filament pénétrant ;
les autres, munis d'un pédoncule, sont semblables à ce qu'ALLMAN appelle
« pedunculated capsule » (fig. 1 *B* et *C*) et dont il nous fait connaître la
structure. ALLMAN hésite, à cause de cette structure, à considérer ces
corps comme de vraies cellules urticantes (1) : en effet, le filament enfer-
mé dans la capsule est gros, court, de diamètre égal dans toute sa longueur
au lieu d'être fin et effilé ; de plus il s'enroule
en spirale (fig. 1 *C*), au lieu d'être droit et
rigide comme dans les vrais cnidoblastes.

J'ajouterai que, sur des coupes, on voit
très bien, chez le *Myriothela austro-georgiæ*,
les différentes parties du cnidoblaste (fig. 1 *D*),
son cnidocil, son noyau, son pédoncule (2) ;
celui-ci s'attache, d'une part, à la capsule
(nématocyste), qui en est pour ainsi dire
l'épanouissement ; et il se résout à son extrémité interne en un certain nombre de fibrilles
qui viennent se fixer solidement sur les fibrilles
de la lamelle de soutien. Dans l'intérieur de la
capsule, on aperçoit le filament entortillé, fortement coloré. Ces cnidoblastes se trouvent
surtout à la périphérie ; mais ils se forment

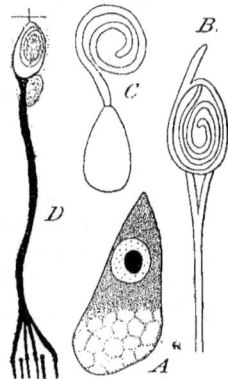

Fig. 1. — *A*, cellule glandulaire
de l'endoderme, × 1050. *B, C, D,*
cnidoblastes pédonculés ; *B, C,*
d'après ALLMAN. *D*, coupe longi-
tudinale, × 1120.

profondément au contact même de la lamelle de soutien, où on peut les
voir sans pédoncule ou avec un pédoncule très court.

Ces cnidoblastes particuliers ont les plus grandes analogies avec
ceux que j'ai signalés [1905] chez le *Clava squamata*, l'*Hydractinia echinata*, le *Cladonema radiatum* ; ce sont alors très probablement des cnido-

_____

(1) But with all this the ressemblance between these pedunculated capsules and true thread
cells cannot be ignored, and indeed makes us hesitate, even more than we may have hitherto
done, in regarding the latter merely as urticating organs. It is possible that the pedunculated
capsules may throw new light on the function and signifiance of thread cells ; but with no facts
beyond those at present before us, we are scarcely in a position to speculate further on this
subject.

(2) Pour ce qui est relatif à l'opinion des auteurs sur la nature du prolongement des cellules
urticantes, voir IWANZOFF [1896], p. 148. Cet auteur, dans son important mémoire, donne également
une bibliographie complète de la question des cnidoblastes.

blastes à filament adhésif. Ce filament doit pouvoir s'enrouler autour des proies, comme je l'ai étudié chez les espèces citées plus haut ; l'arrachement du nématocyste est rendu difficile par la présence du pédoncule, et la proie est ainsi fortement maintenue.

Ces sortes de cnidoblastes ne sont pas sans analogie avec ceux que Bedot [1889-1896] a appelés « spirocystes » et qui se rencontrent chez les Zoanthaires ; ils s'en rapprochent par leur filament lisse, dépourvu de hampe, de crochets et de barbelures ; mais ils s'en distinguent par ce que ce filament est fixé à la capsule.

Les noyaux des cellules ectodermiques de la tête du tentacule sont situés au voisinage de la lamelle de soutien.

Dans la région inférieure du corps existent des sortes de tentacules qui servent à fixer l'animal au substratum. Jäderholm en a donné une description et en a figuré une coupe ; mais son dessin ne correspond pas tout à fait aux coupes que j'ai observées, aussi en donnerai-je une nouvelle figure. Les cellules glandulaires forment au sommet du tentacule une masse globulaire excavée dans sa partie supérieure (fig. 2) ; les cellules périphériques sont alors fortement courbées en arc, et la courbure s'atténue de la périphérie vers le centre. Les noyaux sont en général allongés en forme de

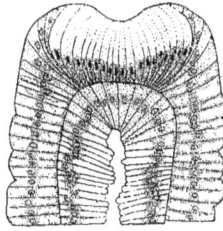

Fig. 2. — Coupe d'un tentacule adhésif, × 200.

bâtonnets et situés dans la partie profonde de chaque cellule. Ils se colorent en totalité très fortement par l'hématoxyline, tandis que, dans les autres noyaux on peut distinguer un karyosome entouré d'une zone claire. La partie profonde des cellules montre un protoplasme granuleux qui se colore bien par l'hématoxyline au fer ; la région externe reste incolore, et la limite des cellules est peu distincte.

Korotneff [1888] et Bonnevie [1899] ont démontré l'origine ectodermique des produits sexués chez différentes espèces de Myriothèles. Je n'ai pas observé, chez le *Myriothela austro-georgiæ*, les stades de début des gonophores correspondant aux figures 1 et 2 (Pl. I) de Korotneff, et les stades les plus jeunes sont analogues à ceux représentés dans les figures 3 et 4

de la même planche. Ces gonophores montrent les différentes parties
d'un gonophore médusoïde typique. Au-dessous de l'ectoderme (fig. 3, *e*),
on trouve la lame endodermique (*l*) ; plus intérieurement, une couche de
cellules (*e'*) formant la voûte de la cavité du noyau de l'ombrelle, c'est là
la couche supérieure de KOROTNEFF, ou la couche ectodermique interne de
l'ombrelle de WEISMANN [1883]. Enfin le plancher de cette cavité, qui
persiste très longtemps, est formé par les cellules sexuelles (*s*). La
dérivation ectodermique du noyau de l'ombrelle (*Glockenkern* de
WEISMANN) n'est pas douteuse, car dans des gonophores plus ou moins âgés
on voit l'ectoderme se continuer dans la couche supérieure à travers

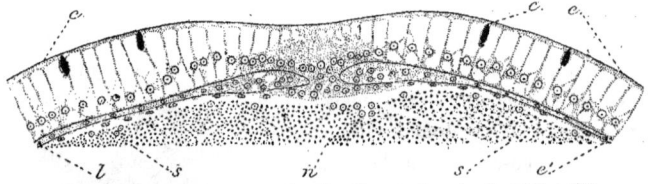

Fig. 3. — Coupe d'un gonophore médusoïde mâle passant par le pôle apical, × 200.

l'ouverture laissée libre au sommet par la lame endodermique, plus
épaisse autour de cette ouverture (fig. 3). Dans les gonophores âgés, très
près de leur maturité, on observe les mêmes rapports, et de plus l'ectoderme à ce niveau montre une dépression plus marquée. La lame endodermique et la couche supérieure partout ailleurs sont fortement aplaties
et difficilement discernables.

Lorsque la transformation des spermatogonies en spermatocytes et
même en spermatides est achevée, on voit encore à la périphérie quelques
noyaux qui n'ont pas subi cette évolution (fig. 3, *n*).

Chez les gonophores jeunes, l'ectoderme est épais ; il est formé de cellules à protoplasme granuleux se colorant bien par l'hématoxyline. La
paroi ectodermique des gonophores âgés n'est pas moins épaisse, mais les
cellules sont devenues vacuolaires, les noyaux sont situés du côté interne
(fig. 3, *e*). On voit dans cette paroi de rares cnidoblastes (*c*) d'une seule
espèce, les cnidoblastes pédonculés faisant défaut.

Les gonophores femelles montrent des faits analogues ; je n'ai pas
observé les plus jeunes stades ; mais, dans des stades plus ou moins

avancés, on voit de même l'ectoderme se continuer au sommet dans la couche supérieure à travers l'ouverture laissée libre par la lame endodermique; les gonophores âgés montrent à ce niveau une dépression ectodermique profonde.

La formation de l'œuf chez la Myriothèle a été étudiée par différents auteurs (ALLMAN, KOROTNEFF...) et en dernier lieu par LABBÉ [1899]. Ce dernier a montré que les nombreux oocytes se fusionnent pour former un *plasmodium*, qui deviendra l'œuf définitif, tous les noyaux sauf un entrant en dégénérescence et devenant les corps désignés sous le nom de *Pseudozellen* ou globules vitellins.

Autant que j'ai pu en juger par les coupes faites dans un matériel insuffisamment bien fixé, les choses se passent de la même façon chez l'espèce antarctique. Quoi qu'il en soit, le gonophore mûr loge un seul œuf énorme, où l'on peut distinguer, comme chez le *Myriothela Cooksii* (1), une couche corticale (ectoplasme) dépourvue de globules vitellins, d'épaisseur uniforme, mais présentant de place en place des invaginations qui pénètrent à l'intérieur de l'endoplasme, caractérisé par la présence des *Pseudozellen*.

Localité. — Baie des Flandres (15 février 1904); île Booth-Wandel (26-30 septembre, 28 octobre 1904), à marée basse.

Distribution géographique. — Géorgie du Sud, devant Cumberland, 252-310 mètres, et Bransfieldstrasse, 719-849 mètres (JÄDERHOLM).

Halecium tenellum HINCKS.

Halecium tenellum HINCKS [1861], p. 252, Pl. VI, fig. 1-4.
Halecium tenellum HINCKS [1868], p. 226, Pl. XLV, fig. 1.

Les échantillons correspondent à la description des auteurs. Les dimensions des hydrothèques et des hydranthophores sont plus grandes que celles de l'espèce récoltée par les Expéditions du « Travailleur » et du « Talisman » au voisinage des côtes du Maroc. Elles correspondent d'ailleurs à celles qu'on peut déduire des figures données par HARTLAUB [1904] et JÄDERHOLM [1905].

(1) Voy. la note p. 5.

Dimensions :

	Espèce antarctique.	Espèce du « Travailleur » et du « Talisman ».
Largeur de l'hydranthophore........ ..	110-135 μ	55-70 μ
— de l'hydrothèque (à l'orifice)...	190-220 μ	120-135 μ

Localité. — Ile Booth-Wandel, marée basse sur le *Sertularella gigantea.*

Distribution géographique. — Grande-Bretagne (Hincks) ; sud de Terre-Neuve : Saint-Georges' Bank (Smith et O. Harger [1876]); San Diego Cal. (Clarke [1876ₐ], p. 255); Cuba (Clarke [1879], p. 244); Kara-Havet (Bergh [1886], p. 334), sous le nom de H. *marsupiale*; Jan Mayen (Mark-tanner [1890], p. 218); côte ouest du Groënland (Levinsen [1893], p. 204); Helgoland (Hartlaub)[1894], p. 178); Açores (Pictet et Bedot[1900], p. 8); Woods Hole (Nutting [1901], p. 357, fig. 52); mer Blanche (Schyd-lowsky [1902], p. 232); Patagonie (Jäderholm [1903], p. 267); Navarin, Puerto Toro (Hartlaub [1905], p. 609).

Halecium gracile Bale.

Halecium gracile Bale [1888], p. 759, Pl. XIV, fig. 1-5.

Les échantillons concordent parfaitement avec la description qu'en donne Bale; mais, présentant quelques tubes accessoires à la base, ils correspondent au type *H. parvulum* Bale, qui doit entrer en synonymie, ainsi que le fait justement remarquer Jäderholm [1903]. D'ailleurs Bale [1893] (p. 100) n'était pas lui-même si éloigné de cette opinion lorsqu'il écrit : « It is not impossible that *Halecium gracile* and H. *parvulum* may ultimately prove identical, but so far all my specimens of the former have been monosiphonic, while the opposite condition characterises those of *H. parvulum.*

Je pense, en effet, comme Hartlaub [1905] que l'*Halecium gracile* Bale et l'*H. flexile* Allman [1888] ne sont qu'une seule et même espèce; mais je conserverai cependant le nom d'*H. gracile* créé la même année par Bale [1888], la description de cet auteur étant plus complète et plus adéquate que celle d'Allman.

L'*Halecium geniculatum* Nutting [1899] (p. 744, Pl. LXIII, fig. 1, A-D) paraît être une espèce très voisine. Quant à l'*H. gracile* Verrill [1874], on peut, je crois, le considérer comme une variété de l'*H. halecium* (V. NUTTING [1901], p. 358, fig. 4).

Les dimensions de l'espèce antarctique sont plus fortes que celles de la même espèce récoltée par le « Talisman » sur les côtes du Maroc.

Dimensions :

	Espèce antarctique.	Espèce du « Talisman ».
Longueur des hydranthophores primaires (1)	210-245 μ	150-170 μ
Largeur — —	105-120 μ	70-80 μ
Largeur des hydrothèques (à l'orifice)	210 μ	105-140 μ.
Longueur des entre-nœuds	960-1225 μ	610-700 μ
Largeur —	105-120 μ	90 μ
Longueur des gonothèques	960 μ	
Largeur —	610-665 μ	

La hauteur totale de la plus grande colonie atteignait 3^{cm},5.

Localité. — Port Charcot (île Booth-Wandel). Dragage à 40 mètres, 4 avril 1904.

Distribution géographique. — Port-Stephens, Port-Jackson (BALE [1888]) ; Auckland (MARKTANNER [1890], p. 218, Taf III, fig. 22, sous le nom d'*H. parvulum*) ; Nicaragua (CLARKE [1894], p. 74) ; Patagonie (JÄDERHOLM [1903], p. 265-266, Pl. I, fig. 2, 3) ; Punta-Arenas (HARTLAUB [1905], sous le nom d'*H. flexile*, p. 611, fig. J^3, K^3). L'*H. geniculatum* NUTTING provient de Puget Sound.

Obelia longissima (PALLAS).

Sertularia longissima PALLAS [1766], p. 119.
Obelia longissima HINCKS [1868], p. 154, pl. XXVII.

Cette espèce, très abondante sur les galets à marée basse, est très reconnaissable aux sinuosités du bord des hydrothèques. Les colonies ne portaient pas de gonanges.

Les plus grands échantillons ne dépassent pas 4^{cm},5 en hauteur. Les dimensions des hydrothèques sont un peu plus grandes que chez l'espèce de Saint-Vaast.

Dimensions :

	Espèce antarctique.	Espèce de Saint-Vaast.
Longueur des hydrothèques	700-800 μ	540-790 μ
Largeur —	440-525 μ	330-470 μ

(1) Y compris l'hydrothèque.

Localité. — Baie des Flandes, 12 février 1904 ; ile Booth-Wandel, 13 septembre, 29 octobre 1904.

Distribution géographique. — Grande-Bretagne (Hincks [1868]); Zuyderzée (Schulze [1874], p. 129); Alaska (Clarke [1876], p. 212; baie de Kalioutchin (Thompson d'Arcy [1887], p. 392); côte ouest du Groënland (Levinsen [1893], p. 169); Helgoland (Hartlaub [1894]); Pas-de-Calais (Bétencourt [1899], p. 7); Saint-Vaast (Billard [1904], p. 168); mer Rouge : golfe de Tadjourah (Billard [1904$_a$], p. 482); détroit de Magellan, Punta-Arenas (Hartlaub [1905], p. 582).

Campanulina chilensis Hartlaub.

Campanulina chilensis Hartlaub [1905], p. 589, fig. L², M², N².
Campanulina chilensis Jäderholm [1905], p. 20, Taf. VII, fig. 11, 12.

Les échantillons que j'ai examinés diffèrent un peu de l'espèce de Hartlaub; d'abord ils ne sont pas ramifiés, ou bien ne portent qu'une simple branche; les dimensions des hydrothèques sont plus grandes que celles déduites des figures de Hartlaub et de Jäderholm ; cependant j'identifie les deux formes à cause des hydranthophores annelés sur toute leur longueur.

Dimensions :

Longueur des hydranthophores simples.............	540-1240 μ
Largeur —	55-65 μ
Longueur des hydrothèques.....................	420-460 μ
Largeur — (maxima)...............	150-240 μ

Localité. — Baie des Flandres, sur l'*Obelia longissima*; ile Booth-Wandel, sur le *Sertularella gigantea*, marée basse.

Distribution géographique. — Calbuco (Hartlaub); îles Falkland, 137-150 mètres (Jäderholm).

Sertularella gigantea Mereschkowsky.

Sertularella gigantea Mereschkowsky [1878], p. 330, Pl. XIV, fig. 6-7.

Dans la forme antarctique, les hydrothèques ont des dimensions plus faibles que dans la forme arctique ; les entre-nœuds sont un peu plus allongés, mais leur longueur est variable, comme il ressort de la compa-

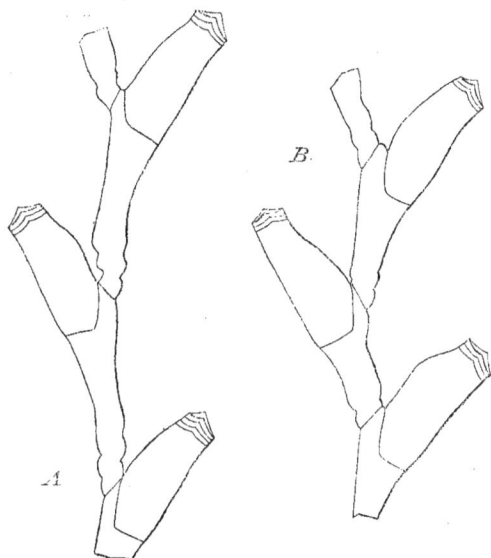

Fig. 4. — *Sertularella gigantea* Mereschk.

raison des deux dessins (fig. 4 *A* et *B*). Autrement les caractères généraux sont ceux de l'espèce. Les hydrothèques montrent des stries d'accroissement, et les colonies présentent des rameaux stoloniques. Il n'y avait pas de gonothèques.

Dimensions :

Longueur de la partie externe des hydrothèques........		100-790 µ
— libre —		525-610 µ
— soudée —		260-315 µ
Largeur de l'hydrothèque (à l'orifice).................		260 µ
Intervalle entre deux hydrothèques successives........		610-960 µ
Largeur de l'hydrocaule..........................		175-210 µ

Nutting [1904] (p. 87) admet que le *Sertularella polyzonias gigantea* Hincks [1874] (p. 151, Pl. VII, fig. 11-12) et [1877] n'est pas identique au

S. gigantea MERESCHK. HINCKS lui-même a d'ailleurs soutenu la même opinion, contrairement à MERESCHKOWSKY. NUTTING n'est pas de l'avis de HARTLAUB [1900] (p. 90), qui considère le *S. quadricornuta* HINCKS [1880] (p. 277, Pl. XV, fig. 1, 1 *a*), comme synonyme du *S. gigantea* MERESCHK. Enfin il a examiné le *S. robusta* de CLARKE [1876] (p. 224, Pl. XIII, fig 34-35), et c'est, dit-il, un *S. polyzonias* typique.

Si ces espèces doivent être séparées, elles n'en sont pas moins très rapprochées et, dans tous les cas, la présence de stries le long du bord de l'hydrothèque ne peut être invoquée comme un caractère spécifique.

Localité. — Ile Booth-Wandel, sur le *Schizotricha Turqueti.*

Distribution géographique. — Mer Blanche (MERESCHKOWSKY [1878], p. 330) ; Mer de Barent (THOMPSON D'ARCY [1884], p. 5, Pl. I, fig. 4-8) ; Mer Nordenskjold (THOMPSON D'ARCY [1887], p. 393) ; Détroit de Corée (JÄDERHOLM [1895], p. 10) ; Mer Blanche . Iles Solowetzky (SCHYDLOWSKY [1902], p. 197).

Schizotricha (1) antarctica JÄDERHOLM

Schizotricha antarctica JÄDERHOLM [1904], p. XII.
Schizotricha antarctica JÄDERHOLM [1905], p. 35, Taf. XIV, fig. 6-8.

Les échantillons que j'ai examinés correspondent parfaitement à la description de JDERHOLM. Je n'ai pas observé la dactylothèque médiane inférieure des articles de l'hydroclade (cette dactylothèque est d'ailleurs très réduite); mais le bourrelet sur lequel elle est située, d'après JÄDERHOLM, est très nettement marqué.

Comme particularité n'ayant pas été signalée par cet auteur, je signalerai la présence de deux dactylothèques, sous la forme de deux saillies percées d'une ouverture, placées côte à côte sur l'apophyse au-dessous de la ligne d'articulation avec l'hydroclade.

La plus longue des colonies atteint 10 centimètres ; la taille que peut atteindre cette espèce est donc plus grande que celle indiquée par JÄDERHOLM (3 centimètres).

(1) Le genre *Schizotricha* ne diffère du genre *Polyplumaria* que par la position des gonothèques. Celles-ci se trouvent sur l'hydrocaule chez le premier et sur les branches principales chez le second. Ce caractère est peu important et a d'autant moins de valeur qu'il n'est valable que lorsque les gonothèques sont présentes, ce qui n'est pas toujours le cas. D'après cela, il vaudrait mieux, je crois, réunir ces deux genres en un seul sous le nom de *Polyplumaria*, qui a la priorité.

Dimensions :

Longueur des articles de l'hydrocaule			....	600-1400 μ
Largeur	—	—	....	245-470 μ
Longueur	—	de l'hydroclade	....	770-875 μ
Largeur	—	— (base)	....	90 μ
—	—	— (sommet)	....	140 μ
Longueur de l'hydrothèque (partie externe)			....	300-315 μ
Largeur	—	(à l'orifice)	....	120-160 μ

Cette espèce ne diffère du *Schizotricha bifurca* HARTLAUB [1904] que par l'absence d'une dactylothèque suprahydrothécale. L'auteur ne figure qu'une seule dactylothèque à l'aisselle de l'hydroclade.

Localité. — Baie des Flandres, 1 mètre de profondeur, 13 février 1904.

Distribution géographique. — Ile Seymour, Cap Seymour (150 mètres) ; Golfe d'Erebus et Terror (360 mètres) (JÄDERHOLM).

Schizotricha Turqueti n. sp.

Cette espèce n'est représentée dans la collection récoltée par le D' Turquet, auquel elle est dédiée, que par un échantillon unique de 20 centimètres de longueur. L'hydrocaule non ramifiée est composée jusqu'au sommet ; les tubes accessoires non articulés montrent des dactylothèques et des perforations qui les font communiquer entre eux ou avec le tube hydrocladial. Celui-ci est articulé ; chaque article à son extrémité distale présente une apophyse latérale (fig. 5 *A, a*), qui supporte l'hydroclade et qui est munie d'une dactylothèque médiane. Au niveau de l'insertion de l'apophyse existe une hydrothèque (*h*) réduite, flanquée de deux dactylothèques ; l'article présente en outre une ou deux dactylothèques situées au-dessous. Dans les parties âgées, on peut avoir sur chaque article, et en des points divers, un ou deux trous traversant le périsarque : c'est par ces orifices que le tube hydrocladial communique avec les tubes accessoires. Ces perforations manquent aux articles jeunes supérieurs. Le tube hydrocladial montrait dans le haut une cassure suivie d'un court article de réparation.

L'hydroclade primaire débute directement par un article hydrothécal avec une dactylothèque médiane inférieure et deux dactylothèques de chaque côté de l'hydrothèque. Latéralement au niveau de celle-ci l'article donne naissance à une apophyse latérale (fig. 5 *B*, *a*), qui supporte l'hydroclade secondaire. Le premier article de celui-ci est un article basal (*b*)

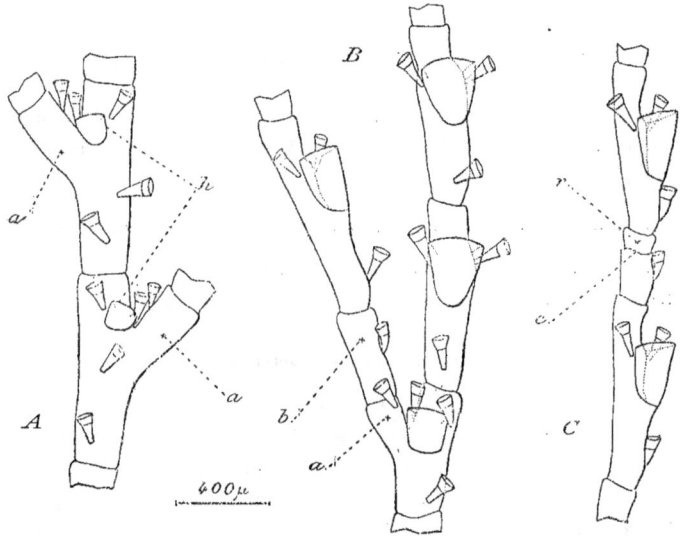

Fig. 5. — *Schizotricha Turqueti* n. sp. — *A*, Deux articles de l'hydrocaule ; *a*, apophyse ; *h*, hydrothèques axillaires. *B*, Premiers articles des hydroclades primaire et secondaire ; *a*, apophyse ; *b*, article basal de l'hydroclade secondaire. *C*, Fragment de l'hydroclade ; *c*, cassure ; *r*, article de séparation.

dépourvu d'hydrothèque, mais muni d'une dactylothèque ; l'apophyse porte également une dactylothèque.

Les hydroclades normalement sont formés d'une succession d'articles hydrothécaux sans articles intermédiaires ; ces articles présentent le même nombre de dactylothèques que le premier, et leur disposition est identique. Les dactylothèques latérales s'insèrent au tiers supérieur environ de l'hydrothèque.

Parfois la ligne d'articulation entre deux articles hydrothécaux n'est pas marquée, et l'on a alors un article hydrothécal double.

Cette succession normale d'articles hydrothécaux est quelquefois troublée par suite de cassures suivies de régénération. Par exemple, à un article cassé au-dessous de l'hydrothèque et muni de sa dactylothèque, fait suite ordinairement un article de réparation avec ou sans dactylothèque (fig. *C*, *r*); on a ainsi l'apparence de deux articles intermédiaires. Parfois il existe deux cassures successives, et l'on compte alors quatre articles intermédiaires anormaux.

Lorsqu'une ou plusieurs cassures intéressent l'article basal de l'hydroclade secondaire, on a une succession de plusieurs articles basaux anormaux.

Je n'ai pas observé les gonothèques.

Dimensions :

Longueur des articles distaux du tube hydrocladial....	735-960 μ.
Largeur — —	245-260 μ
Longueur de l'article basal........................	440 μ
— des articles hydrothécaux simples...........	770-860 μ
— — doubles...........	1450-1610 μ
Largeur — (base).............	160-175 μ
Longueur des hydrothèques (partie externe).........	280-315 μ
Largeur — (à l'orifice)..............	175-190 μ

Cette espèce est très voisine du *Schizotricha unifurcata* ALLMAN [1883] (p. 28, Pl. VII, fig. 1, 3) ; mais cette dernière en diffère par ce caractère important qu'il n'y a pas d'hydrothèque à l'aisselle de l'apophyse supportant l'hydroclade primaire ; celui-ci débute par un article basal ; la partie inférieure du premier article hydrothécal est plus allongée; de plus, cet article manque totalement de dactylothèques ; enfin les dactylothèques latérales des autres articles s'insèrent à mi-hauteur de l'hydrothèque. Le *Schizotricha unifurcata* est, à mon avis, une espèce plus évoluée que le *S. Turqueti*, dont il dérive par disparition de l'hydrothèque axillaire et des dactylothèques du premier article hydrothécal. J'ai déjà constaté [1904] de semblables réductions chez les Plumulaires, et l'on en rencontre aussi chez les *Aglaophenia* (Voy. Hydroïdes du « Travailleur » et du « Talisman »).

Localité. — Ile Booth-Wandel (marée basse).

Paris, le 2 juillet 1906.

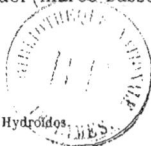

INDEX BIBLIOGRAPHIQUE

1857. ALDER (J.). — A catalogue of the Zoophytes of Northumberland and Durham (*Trans. Tynes. Nat. F. Club.*, vol. III).

1875. ALLMAN (G.-J.). — On the structure and development of *Myriothela* (*Phil. Trans.*, vol. CLXV, p. 549-576, Pl. LV-LVIII).

1883-1888. ID. — Report on the Hydroida dredged by H. M. S. « Challenger ». I. *Plumularidæ*. II. The *Tubularinæ, Corymorphinæ, Campanularinæ, Sertularinæ* and *Thalamophora*. (*Rep. scient. Results Chall. Zool.*, in-4, vol. VII, 1883, 55 p., 20 pl.; vol. XXIII, 1888, 90 p., 39 Pl., 1 carte).

1888. BALE (W.-M.). — On some new and rare Hydroids in the Australian Museum Collection (*Proc. Linn. Soc. N. S. Wales* [2], vol. III, p. 745-799, Pl. XII-XXI).

1893. ID. — Further notes on australian Hydroids and with description of some new species (*Tr. R. Soc. Victoria* [N. S.], vol. VI, p. 97-117, Pl. III-VI).

1889. BEDOT (M.). — *Arch. Sc. phys. nat. Genève*, t. XXII, p. 606.

1896. ID. — Note sur les cellules urticantes (*Rev. suisse-zool.*, t. III, p. 533-539, Pl. XVIII).

1886. BERGH (R.-S.). — Goplepolyper (Hydroider) fra Kara-Havet (*Dijmphna-Togtets zool. bot. Udbytta*, p. 331-338, Tab. XXVIII).

1899. BÉTENCOURT (A.). — Deuxième liste des Hydraires du Pas-de-Calais (*Trav. stat. Zool. Wimereux*, t. VII, p. 1-13, et *Miscellanées biologiques dédiées au professeur A. Giard à l'occasion du vingt-cinquième anniversaire de la fondation de la Station zoologique de Wimereux*, 1874-1899, p. 1-13).

1904. BILLARD (A.). — Contribution à l'étude des Hydroïdes (Multiplication, régénération, greffes, variations) (*Thèses Paris* et *Ann. Sc. Nat. Zool.* [8], t. XX, p. 1-251, Pl. I-VI).

1904 a. ID. — Hydroïdes récoltés par M. Ch. Gravier dans le golfe de Tadjourah (*Bull. Mus. Paris*, vol. XI, p. 97-100, 4 fig.).

1905. ID. — Les mouvements spontanés et provoqués chez les Hydroïdes. II. *Clava squamata, Hydractinia echinata, Cladonema radiatum* (*Bull. Inst. génér. psychol.*, p. 385-411, 1 Pl).

1906. ID. — Mission des pêcheries de la côte occidentale d'Afrique. III. Hydroïdes (*Actes Soc. linn. Bordeaux*, vol. LX).

1899. BONNEVIE (KRISTINE). — Hydroida (*Den Norske Nordhavs Expedition*, 1876-1878. Christiana, in-4, 103 p., 8 Taf., 3 fig., 1 carte).

1901. ID. — Hydroiden (*Meeresfauna von Bergen*, 14 p., 1 Taf.).

1876. CLARKE (S.-F.). — Reports on the Hydroids collected on the coast of Alaska and the Aleutian Islands (*Proc. Acad. nat. Sc. Philadelphie*, p. 209-238, Pl. VII-XVI).

1876 a. ID. — The Hydroids of the pacific coast of the U. S., south of Vancouver, with a report upon those in the Museum of Yale College (*Trans. Connect. Acad.*, vol. III, 1878, p. 249-264, Pl. XXXVIII-XLI).

1879. ID. — Report on the Hydroida collected during the exploration of the Gulf Stream and Gulf of Mexico by A. Agassiz (*Bull. Mus. Harvard*, vol. V, p. 239-255, Pl. I-V).

1894. ID. — The Hydroids (Report on the dredging operations of the West Coast of Central America, etc. (*Bull. Mus. Harvard*, vol. XXV, p. 70-77, 5 pl.).

1894. HARTLAUB (C.). — Die Cælenteraten Helgolands (*Wiss. Meeresuntersuch.* [N. F.], Bd. 1, p. 161-206).

1900. Id. — Revision der Sertularella Arten (Abh. Ver. Hamburg, Bd. XVI, 143 p., 6 Taf., 56 fig.).

1904. Id. — Hydroiden (Res. Voyage. « Belgica », 1897-1899. Anvers, Buschmann, 19 p., 4 Taf.).

1905. Id. — Die Hydroiden der magalahensischen Region und chilenischen Küste (Fauna chilensis, Bd. III, 3 Hft., p. 497-702, in Zool. Jahrb. Syst., Suppl. VI).

1861. Hincks (Th.). — A catalogue of the Zoophytes of South Devon and South Cornwall (Ann. Nat. Hist. [3], vol. VIII, p. 152-161 et 251-262, Pl. VI-VIII).

1868. Id. — A history of the british hydroid Zoophytes (London, Van Voorst, in-8, 338 p., 42 fig, 67 Pl.).

1874. Id. — On deep-water Hydroida from Iceland (Ann. Nat. Hist. [4], vol. XIII, p. 146-173, 2 Pl.).

1877. Id. — Note on lists of arctic Hydroida and Polyzoa (Ann. Nat. Hist. [4], vol. XX, p. 66-67).

1880. Id. — On new Hydroida and Polyzoa from Barents Sea (Ann. Nat. Hist. [5], vol. VI, p. 277-286, 1 Pl.).

1905. Hodgson. — Preliminary report of the biological collection of « Discovery » (The Geogr. Journ., vol. XXV, p. 396-400).

1896. Iwanzoff (N.). — Ueber den Bau, die Wirkungsweise und die Entwicklung der Nesselkapseln von Cœlenteraten (Bull. Soc. Imp. Natural. Moscou [2], vol. X, p. 95-161, 323-355, Taf. III-VI).

1895. Jäderholm (E.). — Ueber aussereuropäische Hydroiden des zoologisches Museums der Universität Upsala (Bih. Swenska Ak., XXI Bd., 4 Afd., 20 p., 2 Taf.).

1903. Id. — Aussereuropäische Hydroiden in schwedischen Reichsmuseum (Ark. Zool., Bd. I, p. 259-312, 4 Taf.).

1904. Id. — Mitteilungen über einige von der schwedischen Antarctic Expedition, 1901-1903, eingesammelte Hydroiden (Arch. Zool. exp. [4], vol. III, Notes et Revues, p. I-XIV).

1905. Id. — Hydroiden aus antarctischen und subantarctischen Meeren gesammelt von der schwedischen Südpolarexpedition (Wiss. Ergebn. schwed. Südpolar-exp., 1901-1903, Bd. V, Lief. 8, 41 p., 14 Taf.).

1888. Korotneff. — Contribution à l'étude des Hydraires (Arch. Zool. exp. [2], vol. VI, p. 21-31, Pl. I-II).

1899. Labbé (A.). — L'ovogenèse dans les genres Myriothela et Tubularia (Arch. Zool. exp. [3]. vol. II, p. 1-32, Pl. I-II).

1893. Levinsen (G.-M.-R.). — Ctenophorer og Hydroider fra Groenlands Vestkyst (Vid. Medd. [5], Bd. IV, p. 143-212, Taf. V-VIII).

1890. Marktanner-Turneretscher (G.). — Die Hydroiden des k. k. naturhistorischen Hofmuseums (Ann. k. k. Hofm. Wien, Bd. V, p. 194-286, Taf. III-VIII, et Wien, A. Hölder, gr. in-8).

1878. Mereschkowsky (C. de). — Studies on the Hydroida (Ann. Nat. Hist. [5], p. 239-256 et 322-340, Pl. XIII-XV).

1899. Nutting (C.-C.). — Hydroida from Alaska and Puget Sound (Proc. U. S. Nat. Mus., vol. XXI, p. 741-753, 3 Pl.).

1901. Id. — The Hydroids of the Woods Hole Region (Bull. U. S. Fish. Comm., vol. XIX, p. 325-386, 155 fig.).

1904. Id. — American Hydroids. II. The Sertularidæ (Smiths. Inst. U. S. nat. Mus. Spec. Bull., in-4, 151 p., 139 fig., 41 Pl.).

1766. Pallas (P. S.). — Elenchus Zoophytorum, etc. (Hagæ Comitum, 1766, in-8).

1900. Pictet (C.) et M. Bedot, Hydraires provenant des campagnes de « l'Hirondelle » (Rés. camp. scient. Prince de Monaco, fasc. XVIII, 58 p., 10 Pl.).

1874. Schulze (Fr.-E.). — Cœlenterata [Zool. Er. gebn. d. Nordseefahrt (Jahresber. Comm-Kiel., II Jahrg., p. 121-142, Taf. II)].

1902. Schydlowsky (A.). — Matériaux relatifs à la faune des Polypes hydraires des mers arctiques. I. Les Hydraires de la mer Blanche, le long du littoral des îles Solowetzky (Trav. Soc. Univ. Kharkow, vol. XXXVI, p. 1-276, Pl. I-V, en russe).

1876. Smith (S.) et O. Harger. — Report on the dredgings in the region of St Georges' Banks in 1872 (Trans. Connect. Acad., vol. III, p. 1-57, Pl. I-VIII).

1903. Swenander (G.). — Ueber die Athecaten Hydroiden des Drontheimsfjordes (Det

Kongel. norske Vid. Selsk. Skrift., 1903, n° 6).

1879. Thompson d'Arcy (W.).— On some new and rare hydroid Zoophytes (*Sertulariidæ* and *Thuiariidæ*) from Australia and New-Zealand (*Ann. nat. Hist.*[5], vol. III, p. 97-114, Pl. XVI-XIX).

1884. Id. — The hydroid Zoophytes of the « William Barents » Expedition (*Bijdr. tot de Dierkunde*, 10 Aflv., 10 p., 1 Pl.).

1887. Id. — The Hydroida of the Vega Expedition (*Vega Exp. Vet.*, Jakttag. IV, p. 385-400, Pl. XIV-XXI).

1874. Verrill (A.-E.). — Report upon the invertebrate animals of Vineyard Sound and the adjacent waters, with an account of the physical characters of the region (*Report of S. F. Baird, on the conditions of the sea Fisheries of the S. coast of N. England*, in 1871 and 1872, Washington).

1883. Weisman (A.). — Die Entstehung der Sexualzellen bei den Hydromedusen zugleich als Beitrag zur Kenntniss des Baues und der Lebenserscheinungen dieser Gruppe (*Iena, G. Fischer*, in-4, 395 p., 24 Taf.).

Corbeil. — Imprimerie Ed. Crété.

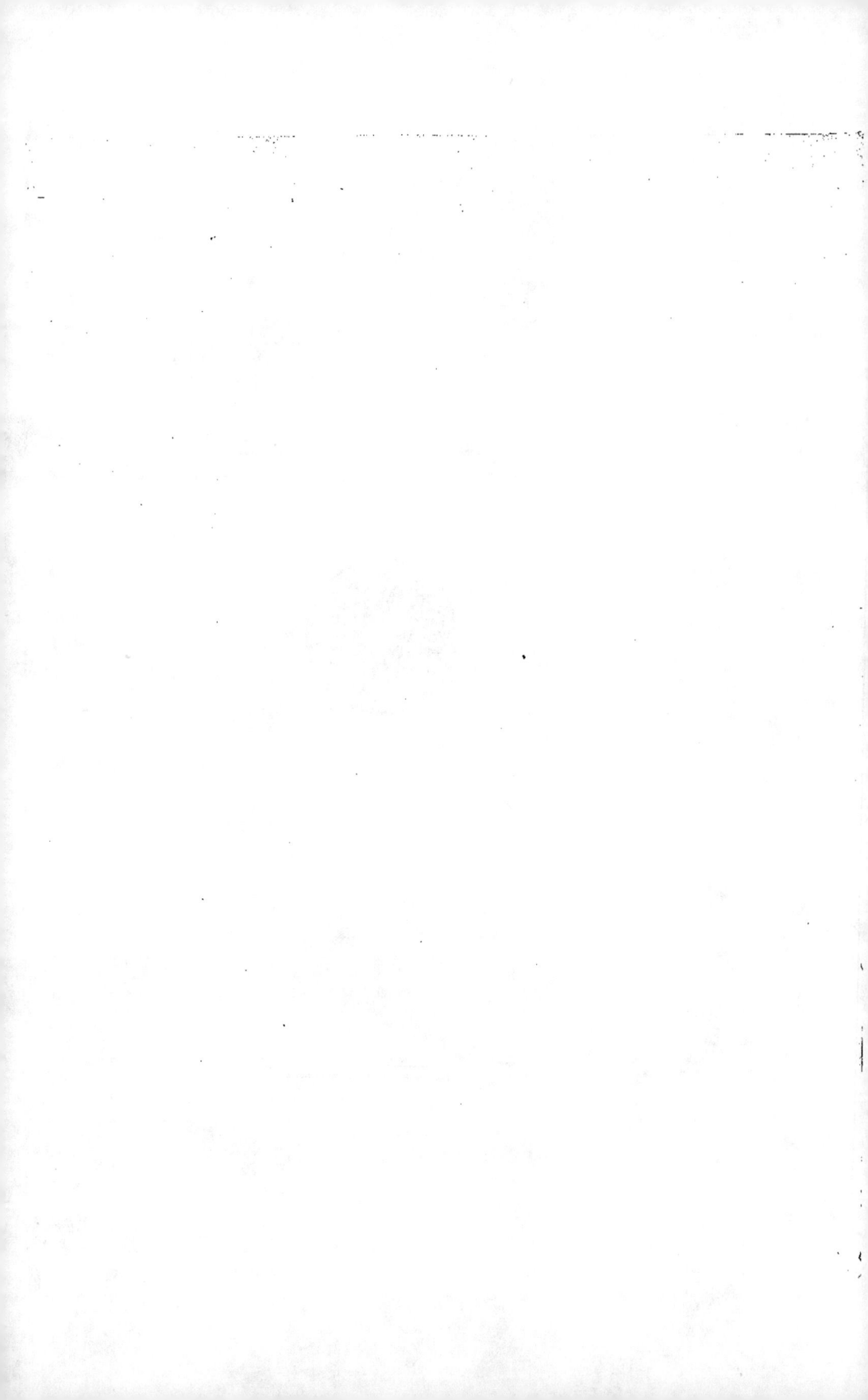

www.ingramcontent.com/pod-product-compliance
Lightning Source LLC
Chambersburg PA
CBHW060506200326
41520CB00017B/4923